风车之旅

风车的历史与知识

[俄罗斯] 罗曼·别利亚耶夫 —— 著绘

王梓 —— 译

贵州出版集团
贵州人民出版社

能量的转化

当你走路时，身体会从食物的有用物质中获得化学能。你利用化学能来运动：走路、奔跑、跳跃，甚至是呼吸。运动的能量称为"动能"。

能量守恒定律指出，能量既不能凭空创造，也不会凭空消失，它只会从一种形式转化为其他形式。在宇宙中，这种能量转化每时每刻都在发生。我们来做个小实验吧：拍一拍手掌，听到拍掌声了吧？这就是手的动能变成了声能。下面我们会看到许多机器，它们在完成工作时，同样是在将一种能量转化为另一种能量。

能量的转化
肌肉能

种植和收割庄稼可不是个简单活。需要播种，浇灌幼苗，收割麦子，将麦粒从麦穗上分离出来，筛掉外壳和垃圾。现代的农场主有联合收割机，而以前的农民就只能用双手或家畜来干活了。

打谷是指将麦粒从麦穗上分离出来。用沉重的棍子（连枷）拍打麦穗，麦粒就会脱离麦穗掉到地上。

打谷后收集起来的麦粒还要簸扬——将麦粒撒向空中，让风吹走较轻的外皮。

麦粒可不能生吃，得先磨碎和烹饪。

磨出的大颗麦粒叫"糁"，可以煮粥。面粉可以用来烤面包。

水能

　　有一天，人们想能不能让水流中蕴含的力量为我们工作呢？最早的利用水力的发明是水轮，又称筒车。这种装置最早是炎热干旱的地区用来灌溉田地的。不久人们又发现，水轮的运动不仅可以用于运水，还可以派上其他用场，例如推动磨盘旋转、磨碎谷物。人们就这样"驯服"了水能，获得了一种虽然不太强大但很可靠的发动机。

水轮将水舀起，送入水道桥（古代的水管）。水道桥有一个不大的坡度，可以让水在重力的作用下自行流动。

下击式水轮

中击式水轮

上击式水轮

　　如果将水轮放入缓缓流动的小河，它的旋转速度就很缓慢。而换成从上往下的水流冲击就快得多了。可上哪儿找合适的瀑布呢？因此，人们为了提高河流水位而修建了水坝。

能量的转化

风能

　　早在公元前5000年，两河流域的居民就能建造帆船了。最早的风车上的石磨也是通过风能带动旋转的。的确，这些风车的样子跟我们熟悉的风车截然不同，更像是通风机——它们的叶片是绕垂直轴旋转的。最早的风车有一根从地面上凸起的轴，更像是旋转门或闸机，被称为"水平风车"。

在伊朗的纳西提凡市可以见到最早的风车"阿斯巴德"的样子。
这种风车最早的记录是在公元7世纪，但发明的时间可能还要更早。

垂直风车是在距今800多年的12世纪出现在北欧的，它们的用途不仅能磨谷。其实，中世纪的风车就像是一座小工厂，风车叶片或水轮带动轴旋转，它能磨的不只是面粉，往轴上加一把锤子，风车就能锻铁或碎矿；装上水泵，就能吸水；装上锯子，就成了锯木机。但它们的外观看上去几乎一模一样。

水泵风车

最早的水泵风车是用来灌溉田地的，但16世纪的人们想出了用它们抽干沼泽的点子。水泵风车靠着风，没有水也能转，用来抽干多余的水。

锯木机风车

锯木机风车的外观与一般的风车几乎一模一样，但内部没有谷物的香味，只有松脂和锯末的味道。风车里不是旋转的磨盘，而是上下移动的锯刃，可以将树干锯成十余块薄薄的木板。

打铁风车

风车或水轮可以带动各种不同的机构，甚至是抬起和敲下打铁的锤子。这样的"铁匠"不需要休息，打铁的速度也比人快得多。

一些学者认为，欧洲人是在11—13世纪的十字军东征期间从近东学到修建风车的方法的，因为欧洲正是通过这种方式了解到阿拉伯数字、星盘甚至是肥皂等发明创造。

蒸汽能

　　最早的蒸汽装置在 2000 年前就已经诞生了，但没有起到什么作用。到 17 世纪时情况转变：人们开始用蒸汽水泵从深矿井中抽水。1769 年，苏格兰机械工程师詹姆斯·瓦特发明了第一台万能蒸汽机，能用在工厂中和交通工具上。瓦特的蒸汽机就像风车的轴一样，可以连接任何机器。但与旧式风车不同的是，蒸汽机的功率并不取决于风速或水力。

蒸汽在活塞的一侧和
另一侧交替进入气缸。

下一个重要的发明是蒸汽涡轮机。在瓦特的蒸汽机里，蒸汽最初推动的是活塞。要把推力变成旋转力，就需要有额外的机构。而涡轮机的圆盘由蒸汽直接旋转，就像水压旋转水轮一样。正因如此，涡轮机比之前的一切发动机都要强劲得多。一般认为涡轮机是两位工程师同时发明的：瑞典的古斯塔夫·德·拉瓦尔和英国的查尔斯·帕森斯。19世纪末，两人独立地完成了各自的发明。

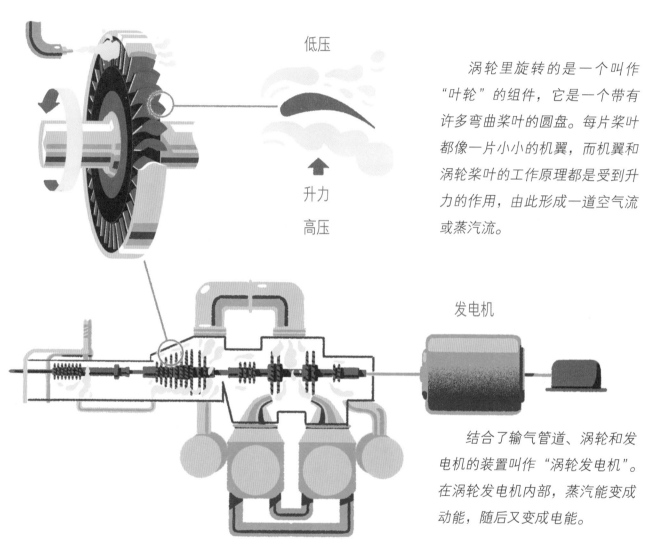

低压

升力
高压

涡轮里旋转的是一个叫作"叶轮"的组件，它是一个带有许多弯曲桨叶的圆盘。每片桨叶都像一片小小的机翼，而机翼和涡轮桨叶的工作原理都是受到升力的作用，由此形成一道空气流或蒸汽流。

发电机

结合了输气管道、涡轮和发电机的装置叫作"涡轮发电机"。在涡轮发电机内部，蒸汽能变成动能，随后又变成电能。

汽转球

曾有人认为，世界上最早的蒸汽机是亚历山大里亚的希伦在公元1世纪发明的，名叫"汽转球"。它是一个类似双口茶壶的球，一个口在前，一个口在后。蒸汽流从口中涌出，带动球旋转。不过，希伦本人并不认为这个装置是发动机，只把它当作玩具。

能量的转化
电能

1831年，英国学者迈克尔·法拉第向公众介绍了发电机：一种能将机械能变成电能的装置。一个铜盘在磁铁的两极之间旋转，并在旋转时产生电流。

火力发电站

1882年，托马斯·爱迪生的公司在伦敦和纽约建造了最早的烧煤的火力发电站，发的电用于街道照明。

水力发电站

1882年，第一个水力发电站建成了，将水平旋转的水轮连在发电机上，发的电足够维持两家造纸厂和一间房子的照明。

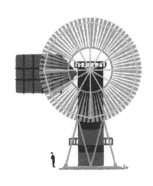

风力发电机

1888年，美国建成了第一台风力发电机。这是一个高18米、重8吨的建筑，但发电功率只有12千瓦，相当于今天一座郊区别墅一天的耗电。

巴特西发电站是伦敦泰晤士河畔的一座火力发电站，已于1983年停止运行。但它至今仍是伦敦最著名的建筑物之一。

电很快就成了人类不可替代的助手。在20世纪之前，发电机已经几乎能把通入其中的水能或蒸汽能全都转化成电能了。火力发电站或水力发电站里旋转的不再是磨盘轴，而是发电机的转子。

不只是谷物

在许多万年间，人们采集可食用的植物并狩猎野生动物。他们不储藏食物，要是食物吃完了，就迁徙到新的地方去。但约11000年前，近东出现了最早的农民。这些人不是去寻找，而是自己播种可食用的植物。每次收获，他们都会挑出最大、最可口的果实，种下去的正是这些果实的种子。这些植物渐渐变得有别于它们的野生"兄弟"——人类把它们驯化了。

上面是种植小麦和蓄养牲畜的一个古代聚落可能的样子。如果在世界地图上画出最早的农民的居住地区，便会画出一个形如新月的弯曲图形。这是一个土地肥沃、可食用野生植物种类繁多的地区，历史学家称之为"新月沃地"。

古代小麦的麦穗很小，麦粒成熟后会自动落到地里，收集起来很不方便。

现代的小麦有数十个品种。例如，制作白面包需要软的品种，制作通心粉需要硬的品种。

最早被驯化的植物之一便是禾谷。"禾谷"这个名称可以指很多种植物，其中包括种子可食用的草，如小麦和水稻。禾谷的谷粒又小又硬，很难收集和烹饪，但其中含有大量的营养物质，因此小麦、水稻和玉米至今都是人类的主要食物。小麦中还含有麸质——一种黏性物质，因此面粉很容易和成面团、塑形并烤出面包。

穗

茎

小麦通常被画成黄色，但未成熟的麦穗其实是绿色的。

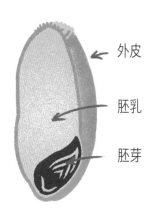

外皮

胚乳

胚芽

麦粒

麦粒由上图所示的几个部分组成。

全麦面粉

把麦粒磨碎而不过筛，得到的就是全麦面粉：这是一种灰色的面粉，还掺杂着小块的谷壳。

特级面粉

人们直到19世纪才学会直接在磨坊里将白面粉和谷糠分离开来。

谷糠

谷糠指的是谷粒和胚芽的外皮，谷物包含的所有有益物质都在这里。

不只是谷物
磨谷

最早用来研磨小麦的器具是一块光滑的石头，在石头中心挖一个洞，把麦子撒进去，然后人手持一块较小的石头去磨（碾）这些麦粒。这种设备也由此得名"碾谷碾子"。

水平式水磨

最早的水磨是由水平方向上的水轮带动旋转的。为此必须要有湍急的水流，这种磨一般设在山区的河流上。这是一种构造最简单但效率最低的水磨。水平式水磨的功率非常低。

滚动轮

两片磨盘中只有上面的那片会转动，叫作"滚动轮"。

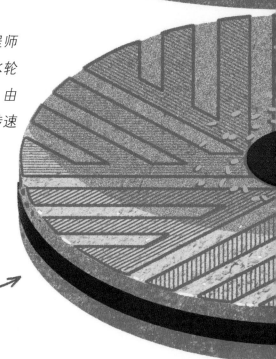

垂直式水磨

公元前1世纪，罗马工程师改进了水磨的构造。垂直的水轮通过齿轮机构带动磨盘旋转。由于有了齿轮机构，磨盘的旋转速度可以达到水轮的五倍。

不动轮

指的是下面那片不转动的磨盘。

后来人们发明了多磨盘的构造：两个石盘，一个叠在另一个上面。上方的石盘旋转，下方的石盘静止，把谷子撒在二者之间就能磨碎了。机械师花了数百年去完善这种构造，附加的机构越来越多，只得再搭建专门的房屋供磨使用，但所有磨坊的核心依然是两片磨盘。

立柱式风磨

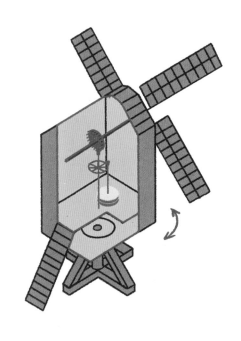

这种设备出现于12世纪。最早的立柱式风磨是在多风的北欧建造的。即使风向变了，也很容易改变磨坊的朝向，因为整个磨坊都建在一个柱子上。为了保持稳定，柱子周围有额外的支撑物。

磨心眼

指的是磨盘中央的洞，也就是倒谷子的地方。

箍圈

能将几块石头拼成的磨盘固定在一起。

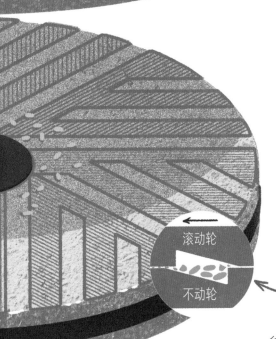

帐篷式风磨

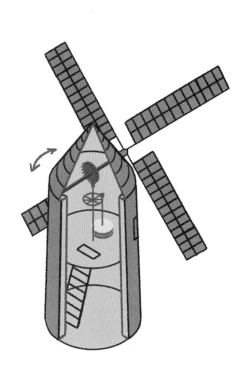

转动整座建筑去对着风可不是件容易事。13世纪末出现了一种新的风磨，形如塔楼，下部无法移动，但有一个可旋转的小屋顶。这种设备比立柱式风磨更稳定。叶片的大小增加了，磨的功率也随之上升。

沟槽

指的是磨盘表面的小槽，谷子落进去后在这里被磨碎。

滚动轮

不动轮

不只是谷物

磨谷

千百年来，人们一直使用着石磨，但现代的磨坊里已经很难见到石磨了。150多年前，磨盘被钢铁的滚轮——对辊式磨粉机所取代。1874年，匈牙利工程师安德拉什－梅赫瓦特发明了辊式磨粉机。这种机器磨出来的面粉又细腻又干净，被称为"细磨面粉"。著名的维也纳甜酥面包的面团就是用细磨面粉制作的。这种磨面技术直到今天还在使用。

维也纳甜酥面包

可颂

"可颂"在法语中意为"新月"，是用起酥面团制作的一种面包。

布里欧修

没有夹心的小甜面包。

法式巧克力面包

用起酥面团制作的小面包，有巧克力夹心。

葡萄干丹麦面包

螺旋形的小面包，里面加了葡萄干。

今天，生产面粉的已经不是独立的磨坊了，而是称为"磨面厂"的大企业。这种磨面厂每天能生产成百上千吨的面粉，为此需要大量的谷物，甚至建了通往工厂的公路或铁路。卡车或火车（有时还有轮船）载来的谷物卸在大型谷仓里，按照需要的分量自动称重，送去清洗和研磨。在现代的磨面厂中，车床可以同时处理几种不同的面粉、糁和谷糠。面粉装入大袋后便送去面包厂，装入小袋的则送去超市。

仓库里的谷物

分离机

簸扬谷物，分离垃圾。

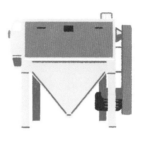

脱壳机

去掉谷物的外壳。

辊磨机

研磨谷物。

分级机

对糁和面粉进行分级。

清筛机

将面粉与谷糠分离。

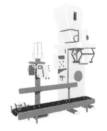

包装机

将面粉装袋。

面粉

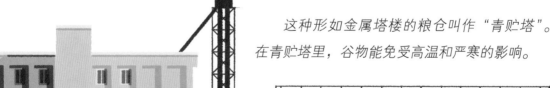

这种形如金属塔楼的粮仓叫作"青贮塔"。在青贮塔里，谷物能免受高温和严寒的影响。

通风机

面粉

面粉有时不装袋，而是直接倒到专门的运面粉车上。

今天，我们可以在阿姆斯特丹附近的桑斯安斯露天博物馆见到这种风车。

不只是谷物

风车磨坊

时至今日，英语中依然把一些种类的工厂（如造纸厂）叫作mill——"磨坊"。这可以追溯到所有工厂都由风车或水轮带动的时代。

17世纪，荷兰是世界的造船中心。当地的造船厂生产了成百上千的船只。工人们昼夜不停地劳动，把成千上万根圆木锯成造船的板子。锯木机风车的发明将这项工作的速度提高了30倍。

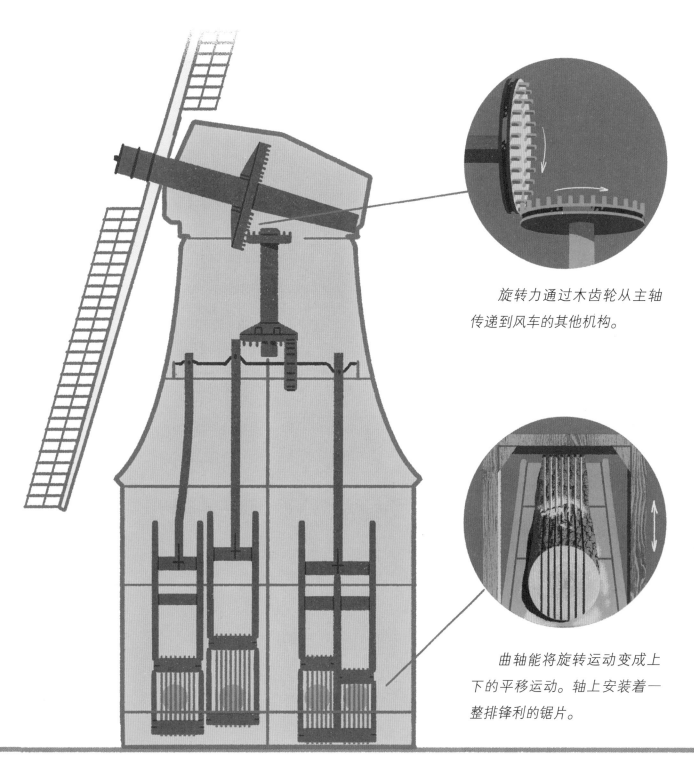

旋转力通过木齿轮从主轴传递到风车的其他机构。

曲轴能将旋转运动变成上下的平移运动。轴上安装着一整排锋利的锯片。

用作船体外壳的木板上有特殊的凹槽，很容易像拼图一样组装到一起。这种连接方法能确保组装好的船体严丝合缝，不会透水。

抽水风车

你应该还记得，水车的历史始于干旱地区的灌溉事业。但要是情况反了过来，水太多了又该怎么办呢？很久以前，荷兰人就在北海岸边修了许多大坝，为自家的房屋抵挡风暴。在无风天里，他们就把水抽干，在海岸边围起来的地块（叫作"圩田"）上耕作。为此，他们将风车与古老的水泵——水轮组合了起来。如今荷兰的土地有三分之一是从海里夺来的。

我们可以在鹿特丹附近的小孩堤防村见到古老的抽水风车系统。

一台抽水风车能将水抽到5米的高度。如果需要抽干更深处的水，可以建造一套由几台抽水风车组成的系统来完成。

19世纪正值欧洲风车的繁盛期。尽管建造不易，但这仍是一种可靠又高效的设备。为了容纳所有机械、叶片和控制机构，风车必须占用很大的空间。有时磨坊主一家甚至就住在风车里。与此同时，在另一片大陆上，美国人开始占领新的地盘。迁到新土地上的农场主需要能在短时间内建起来的简单设备。

1854年，工程师丹尼尔·哈勒代发明了一种抽水用的新型风车。在轻盈的木质结构上安装一个有许多桨叶的小轮子，这种风车能借助风向标自动迎风旋转，无须人力便可将水从矿井中抽出来。

这个机构将风车轴的旋转运动变成活塞的上下运动。

活塞将水沿着管道往上抽出，阀门能防止水倒流。

不只是谷物
活动式风车

风车不一定是几层楼高的庞大建筑。有些风车可以从一个地方移动到另一个地方，甚至还有能轻松塞进口袋里的"风车"。

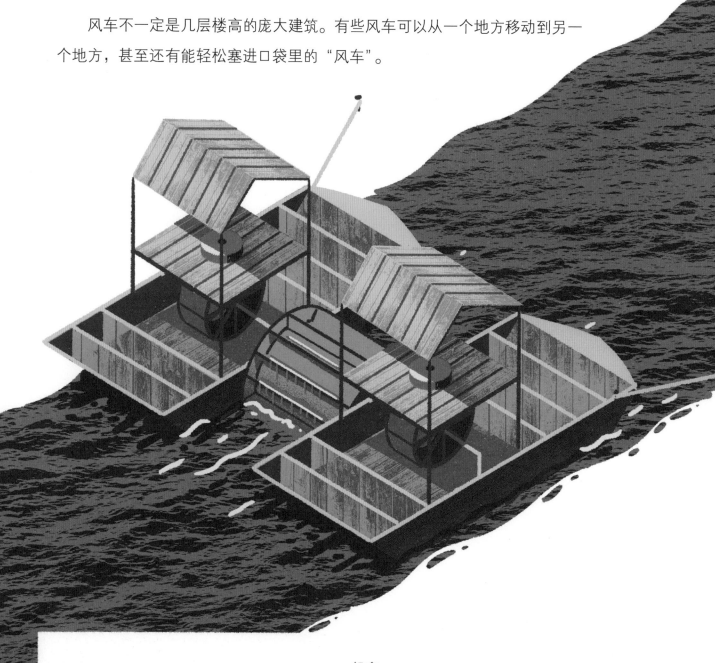

船磨

这种奇异的设备就像一艘轮船，但它哪儿都不去，就停在原地。船上的轮子不是划船用的，而是研磨用的。这就是水上平台的磨的样子。它们被修建在宽阔的大河上，那里建不了大坝去制造水轮。我们已知最早的船磨诞生于537年，是罗马被东哥特人围攻期间修建的。

罗马士兵的石磨

罗马不仅以杰出的工程师著称，还以精锐的士兵著称。在帝国各地的道路上，行进着数千人的罗马军团。士兵随身带着行军用的石磨，每个共帐小队（contuberium，住在同一个帐篷里的8—10人的队伍）使用一个。这种石磨能在短短几小时内磨出几千克粗面粉，用来烙饼或煮粥。

胡椒研磨器

最小的磨几乎每个厨房里都能见到，那就是胡椒研磨器。旋转研磨器的盖子，装在罐子里的胡椒就会掉到底部的磨具上，被磨成新鲜的胡椒粉，可以直接撒进做好的菜肴里。

能量的来源

　　既然我们创造不了能量，那能量又是从哪儿来的呢？大部分的能量是以光和热的形式由太阳传给地球的。此外还有一个能量源是重力。最后，有一部分能量是从地核直接渗透到地表的热量中获取的。这些能量源的再生速度比人类消耗的速度快，因此叫作"可再生能源"。

太阳能

　　植物从太阳光中获得能量，然后又被其他生物吃掉。被太阳加热的空气流动起来，便产生了风。

重力

　　重力或引力能带动了河流和潮汐。

地热能

　　地热指的是地核的热量。在火山地区，即使不那么深的岩石也非常灼热，这种热量可以用来发电。

煤炭和石油是古代生物的遗骸在千百万年间形成的物质。人们发现它们燃烧放出的热量比木材的多得多，便开始将煤和石油产品用作发动机的燃料。遗憾的是，人们开采这些燃料的速度比新燃料形成的速度要快。以人类生命的长度来算，煤炭和石油是"不可再生能源"。

煤炭

在沼泽底部积聚着一种叫作"泥炭"的物质，是古代植物的残骸。千百万年间，在新的土层和水层的压力下，泥炭被压缩成了类似石头的状态。煤（石炭）就是这样形成的。

4亿—1亿年前   *2亿—5000万年前*   *今天*

石油

石油是海底的史前生物的遗骸。在数亿年间，这些遗骸在极强的地层压力下变成了石油和天然气。现在，要开采石油就必须钻很深的油井。

4亿—1亿年前   *1亿—5000万年前*   *今天*

能量的来源
风力发电机

20世纪中叶之前,世界上消耗的大部分能量都来自火力发电站。水力发电站要少得多,风力发电站根本就只是实验项目。之所以会如此,是因为煤炭是最易得、最廉价的燃料,石油同理。当时没有人想过石油总有一天是会用完的。但20世纪70年代的石油危机迫使全世界开始考虑新能源的问题。1980年,美国建造了世界上第一个风力发电站,由20台风力发电机组成。

1894年,弗里乔夫·南森前往北极考察,他的船上就安装着风电机。

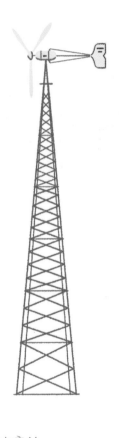

查尔斯·布拉什

世界上第一台风力发电机是1888年由美国工程师查尔斯·布拉什发明的。它的功率能满足发明者自家和实验室的供电需求。

保罗·拉·库尔

1891年,丹麦气象学家保罗·拉·库尔建造了一座能发电的风车。今天,丹麦几乎有一半的电能都来自风力发电。

雅各布兄弟

1922年,马赛尔·雅各布和约瑟夫·雅各布兄弟研制出了一种风力发电机并开始售卖,这是20世纪最受欢迎的风力发电机模型之一。尽管功率不高,但这种风力发电机维护起来非常简单,也很耐用。

发电机舱

指的是风电机的外壳。发电机舱外部安装着传感器，能测量风向和风速。要是风向变了，发电机舱就会旋转到对应方向。

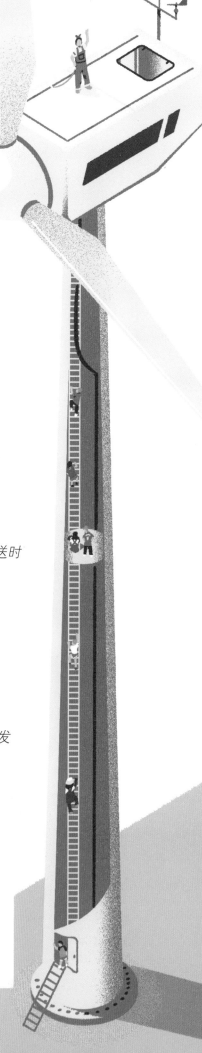

传动箱

将中轴的旋转变成发动机转子的快速旋转。

发电机

将旋转变成电流。

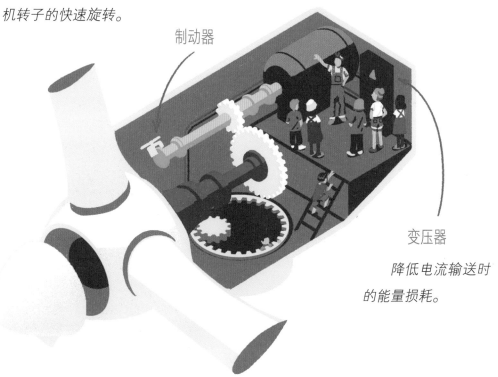

制动器

变压器

降低电流输送时的能量损耗。

主塔

负责支撑发电机舱和桨叶的部分。主塔内部有楼梯或电梯，以及通向发电机的电缆。高大的主塔由几个较短的部分组成。

现代风力发电机的功率取决于其大小：风力发电机越大，功率就越大。但几乎所有风力发电机都有三片垂直方向上的叶片。两片转得太快，四片或以上就转得太慢了。发电机舱内部安装着发电机、传动箱和变压器（有时安装在主塔上）。整个发电机舱和单独的叶片的旋转都取决于风力和风向。

未来能源

能被人类加以利用以获得有用能量的各种来源都可以称为"能源"。学者们认为，未来的能源应该是"稳定"的，意思是说必须使用可再生能源来保护环境，让我们的后代都有足够的资源可用。无限度的能源利用可能会引发灾难。

复活节岛

太平洋东南部有一座复活节岛，是世界上最偏远的岛屿之一。在人类上岛之前，岛上全是植被。住在岛上的人修建了石头房子和木头房子，立起了巨大的摩艾石像，还发明了自己的文字。但为了建造房屋和船只，岛民不断砍伐树木，空出来的土地种上了可食用的植物。到1600年前，岛上的森林已经荡然无存，当地的文明也衰落了。

在不久后的将来，热核反应堆将会是一个极为重要的能源项目。这种技术能重现太阳内部发生的反应过程。热核电站比当今的核电站效率更高，所用的能源也可以从普通的海水中取得。

托卡马克核反应堆，它有一个形如面包圈的真空室，里面是加热到数百万度并由磁场聚在一起的等离子体。

太阳能灶

尽管科技取得了许多进步，但今天仍有数以百万计的人没有普通的厨灶可用。他们就像千百年前的原始人一样，在火焰上直接加工食物。烧火的烟气对人的健康和环境都十分有害。对此，太阳能灶能帮上他们的忙。这是稳定能源用于日常生活的一个很好的例子。

文化中的风车和水车

　　在人们看来，风车始终是一个神秘的场所，因为它能让大自然的力量听从人的吩咐，将一种物质变成另一种物质。流传至今的北欧神话中有一台神奇的石磨"格罗特"，能按照主人的意愿磨碎任何东西。不断旋转对于天体是很自然的，对于人造物却是很奇怪的。就连机械发出的噪声也让人觉得神秘，因为当时的人还不了解其他的发动机。相传磨坊池塘和风车里生活着鬼怪、水妖和美人鱼。磨坊主也常被当成巫师，因为他驯服了水和风的力量，他的技术决定了面包的质量。但通常来说，磨坊主是会好好工作的，因为每磨好一批面粉，他就会获得其中一部分作为报酬。

风车磨坊和磨坊池塘被视为神奇生物——鬼怪、水妖和美人鱼的栖息地。

荷兰绘画

1648年，荷兰成为独立的国家。这个新国家强盛的标志之一便是风车：它们的轮廓让人想起从大海里夺取的土地，以及从西班牙帝国手中夺取的自由。画家的作品变得供不应求，价格飙升，荷兰绘画迎来了黄金时期。当时最有名的描绘风车的画作或许就是伦勃朗的《风车》了。

伦勃朗·哈尔曼松·凡·莱因是世界上最著名的画家之一，1606年出生于一个磨坊主家庭。

堂吉诃德

还是在17世纪，米格尔·德·塞万提斯写出了小说《堂吉诃德》。根据书中情节，骑士堂吉诃德在出游时误把风车当成了巨人，企图策马进攻，却被摔得鼻青脸肿，长矛也折断了。一些研究者认为，塞万提斯在书中表现了新技术与人的冲突，因为当时风车还是一种很新的发明。后来，风车逐渐从进步的象征变成了乡村风景的一部分，但依然为一代代画家提供着灵感。

文化中的风车
与风做游戏

当然，人绝不会把所有可得的能量都用于工作。娱乐也是每个人生活中重要的一部分，而风在这方面同样是人的好帮手。

据说在 1752 年时，本杰明·富兰克林做了一个非常危险的实验：他通过风筝证明了闪电的电本质，并利用取得的成果发明了避雷针。

风筝

风筝是在亚洲发明的，但确切的起源时间和地点已经不清楚了。在印度尼西亚的一座岛屿上发现了一幅古代岩画，上面画着叫作"卡加提"的风筝。这种风筝用竹子制成骨架，蒙上树叶，用椰子纤维搓成的绳子牵着。但风筝的制作技巧还是在古代中国臻于成熟的。中国人给风筝骨架蒙上丝绸或纸张，再用心地画上花纹。有时风筝的结构中还会加入特殊的组件，能在飞行中发出声音。

风向标

　　或许可以说，风向标是最早的动感（可动的）雕塑。这种设备自古以来就用来指示风向，但更经常被用作古老建筑屋顶的装饰物。

动感雕塑

　　风甚至可以让雕像"活过来"。听着很不可思议，但荷兰艺术家泰奥·扬森制作了许多特殊的装置，能在风的作用下独立移动。他的作品能在暴风天的荷兰海岸上漫步，这景象不禁让人想起把风车叶片当成巨人手臂的堂吉诃德。

怎么制作玩具风车

五颜六色的风车插在小棍上迎风旋转，这是每个孩子都很熟悉的一种玩具。这种看似简单的装置有着悠久的历史，在1440年的《牛津词典》中就已经提到了。

现代的玩具风车是真正的艺术作品。有收藏风车的爱好者，还有不少由玩具风车组成的游乐园。

我们来试试自制风车吧。为此需要一张方形纸、一根小棍子和一枚大头针。

纸

方形纸张，最好
是彩色的。

小棍子

或者带橡皮的长铅笔。

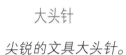

大头针

尖锐的文具大头针。

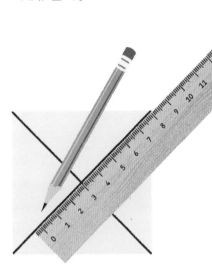

在纸上画两条对角线。

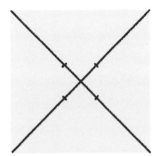

在距离中心不远
处做记号。

沿对角线剪到记
号位置。

在纸的中心和剪
开的四部分的角上各
打一个洞。

将四个角折到中
心，用大头针固定住。

把大头针插在小
棍子或铅笔末端的橡
皮上。风车做好啦！

Original title: Как устроена мельница?

© Roman Belyaev, 2022

© LLC Samokat Publishing House, 2022

Original edition first published in the Russian language by LLC Samokat
Publishing House in 2022.

Simplified Chinese translation copyright © 2024 by United Sky (Beijing) New
Media Co., Ltd.

All rights reserved.

Published by arrangement with Genya aGency.

贵州省版权局著作权合同登记号 图字：22-2023-125 号

图书在版编目（CIP）数据

风车之旅：风车的历史与知识 /（俄罗斯）罗曼·
别利亚耶夫著、绘；王梓译 . -- 贵阳：贵州人民出版
社，2024.1

ISBN 978-7-221-18179-4

Ⅰ.①风… Ⅱ.①罗…②王… Ⅲ.①风力机械—技
术史—儿童读物 Ⅳ.① TK83-49

中国国家版本馆 CIP 数据核字 (2023) 第 256511 号

FENGCHE ZHI LÜ:FENGCHE DE LISHI YU ZHISHI
风车之旅：风车的历史与知识

[俄罗斯] 罗曼·别利亚耶夫 著、绘

王梓 译

出 版 人	朱文迅
选题策划	联合天际
责任编辑	潘江云
责任印制	赵路江
特约编辑	韩 优
封面设计	程 阁
美术编辑	程 阁

未小读
UnRead Kids
和世界一起长大

出 版	贵州出版集团 贵州人民出版社
地 址	贵州省贵阳市观山湖区会展东路 SOHO 公寓 A 座
发 行	未读（天津）文化传媒有限公司
印 刷	北京雅图新世纪印刷科技有限公司
版 次	2024 年 1 月第 1 版
印 次	2024 年 1 月第 1 次印刷
开 本	889 毫米 ×1194 毫米 1/16
印 张	3
字 数	100 千
书 号	ISBN 978-7-221-18179-4
定 价	58.00 元

客服咨询